Bibliografische Information der Deutschen Nationalbibliothek:

Die Deutsche Bibliothek verzeichnet diese Publikation in der Deutschen Nationalbibliografie; detaillierte bibliografische Daten sind im Internet über http://dnb.d-nb.de/ abrufbar.

Impressum:

Druck und Bindung: Books on Demand GmbH, Norderstedt Germany
ISBN: 9783668708501

Dieses Buch bei GRIN:

https://www.grin.com/document/420426

Daniel Burchardt

Entwicklungspotenziale für den ländlichen Raum durch die Energiewirtschaft

GRIN Verlag

Universität Greifswald
Seminararbeit
am Institut für Geographie und Geologie

Sommersemester 2017

Entwicklungspotenziale für den ländlichen Raum durch die Energiewirtschaft

INHALTSVERZEICHNIS

ABBILDUNGSVERZEICHNIS

TABELLENVERZEICHNIS

EINLEITUNG

Bezüglich der Energiewirtschaft handelt es sich um ein bedeutendes Thema, welches heutzutage allgegenwärtig ist und immer mehr an Bedeutung erlangt. Dabei können sich viele Menschen darunter kaum etwas vorstellen, wobei jenes für die Versorgung von Haushalten sowie Betrieben mit Energien aller Art verantwortlich ist. Folglich ist unser Leben in der Qualität möglich, wie wir es führen können.

Zu Zeiten der Energiewende, welche einen kontinuierlich wachsenden Wechsel von fossilen Energieträgern zu erneuerbaren Energieträgern anstrebt, betrifft es auch den ländlichen Raum. Grund dafür ist, dass es in urbanen Räumen kaum ausreichende Platzangebote für den Aus- und Aufbau von Anlagen zur Gewinnung erneuerbarer Energien existieren. Bisweilen konnte man sich unter dem ländlichen Raum eine oftmals sehr natürliche belassene Fläche mit einzelnen Dörfern, die zueinander in teils weiter Entfernung liegen und geringe Einwohnerzahlen aufweisen, vorstellen.

Durch die Energiewende kann sich dieser Tatbestand jedoch ändern, da der ländliche Raum mit seinem großzügigen Platzangebot ideal geeignet sein kann um Anlagen für erneuerbare Energien zu errichten. Aus diesem Sachverhalt können sich daher für die Energiewirtschaft, ländlichen Raum und der Bundesrepublik Deutschland große Potenziale ergeben. Allerdings sind diese immer auch an verschiedene Herausforderungen gekoppelt, die es gilt im Vorfeld zu meistern. Nur dann, wenn also alle Instanzen sich in der Lage fühlen miteinander zu kooperieren und Ihre gegenseitigen Interessen berücksichtigen, können für alle befriedigende Lösungen gefunden werden.

Aus den aktuellen Gegebenheiten ergibt sich die zentrale Frage, welche Entwicklungspotenziale für den ländlichen Raum durch die Energiewirtschaft vorhanden sind. Zu Beginn dieser Arbeit wird die Definition der Energiewirtschaft und deren Anlass zum Wandel erläutert, um das Verstehen der inhaltlichen und statistischen Abgrenzung zu erleichtern. Im zweiten Punkt handelt es sich um den ländlichen Raum und sein Verhältnis zur Energiewirtschaft. In diesem Punkt wird genauer auf die Definition und die Merkmale des ländlichen Raumes eingegangen sowie seine Aufgaben und Funktionen. Für ein besseres Verständnis der Zusammenhänge wird zusätzlich auf die geschichtliche Nutzung und die Bedeutung der Energiewirtschaft eingegangen. Im Anschluss werden unter Punkt drei, aktuelle Herausforderungen und Potenziale aus verschiedenen, jedoch nicht allen, Teilbereichen beschrieben. Dabei sind die Teilbereiche der Landschaftsästhetik, Raumverträglichkeit, Infrastrukturausbau und Fachkräftemangel besonders hervorzuheben. Abschließend werden unter Punkt vier, in Anlehnung der Teilbereiche je ein Fallbeispiel aus der Windkraft und der Biogas/-masse erläutert.

1 ENERGIEWIRTSCHAFT

Bevor die Energiewirtschaft inhaltlich und statistisch abgegrenzt wird, ist es erforderlich den Begriff der Energiewirtschaft zu definieren und auf den Anlass zum Wandel einzugehen. Die Energiewirtschaft bezeichnet für sich sämtliche Bereiche der Wirtschaft, die sich mit der Gewinnung, der Umwandlung und dem Vertrieb von Energieträgern beschäftigen. Beispiele hierfür sind unter anderem Mineralöl -und Kohlenwirtschaft, Gas -und Elektrizitätswirtschaft, Fernwärmewirtschaft sowie Kernenergiewirtschaft. Über verschiedene Märkte, die von der Energiepolitik gestaltet und beeinflusst werden, erfolgt die Koordination der energiewirtschaftlichen Aktivitäten. Als Ziel ist die Befriedigung der in den unterschiedlichsten Bereichen der Volkswirtschaft vorliegenden Energiebedürfnisse wie Wärme, Kraft und Licht zu nennen (vgl. ROSSMANN 2005).

1.1 Energiewirtschaft und deren Anlass zum Wandel

Durch das 2007 von der Bundesregierung beschlossene Integrierte Energie- und Klimaprogramm werden Richtlinien der zukünftigen Energiepolitik benannt. In diesem Zusammenhang wird das erfüllen des Zieldreiecks aus Versorgungssicherheit, Wirtschaftlichkeit und Umweltverträglichkeit angestrebt (vgl. BUNDESINSTITUT FÜR BAU-, STADT- UND RAUMFORSCHUNG 2010: 1). Als wesentliche Maßnahmen für die Sicherung eines nachhaltigen Energiesystems werden die Steigerung der Ressourcenschonung, des Klimaschutzes, der Technologieentwicklung sowie die Unabhängigkeit von Importen genannt.

Im Einzelnen ist unter der Ressourcenschonung gemeint, das es eine Endlichkeit natürlicher Ressourcen gibt und bei entstehender Knappheit der Ressourcen von einem Anstieg des Preisniveaus entgegen der Wirtschaftlichkeit ausgegangen werden kann. Unter der Maßnahme des Klimaschutzes versteht man die angestrebte Verringerung von Treibhausgasemissionen, die mittel- und langfristig einen positiven Klimaeffekt. Mit der Maßnahme der Technologieentwicklung ist die Forschungsförderung leistungseffizienterer und kostengünstigerer Anlagen zu verstehen, von denen der Klimaschutz profitieren kann. Die Unabhängigkeit der Importe soll hingegen die internationale Gebundenheit fossiler Rohstoffe verringern (vgl. BARDT 2016: 8).

Kurz zusammen gefasst, spielen erneuerbare Energien vor dem Hintergrund abnehmender fossiler Ressourcen, wachsender Importabhängigkeiten und weltweit steigender Energiepreise eine strategisch bedeutende Rolle für eine sichere zukünftige Energieversorgung. Entsprechend nehmen erneuerbare Energien einen stetig wachsenden Anteil an der bundesdeutschen Energieversorgung ein (vgl. BUNDESINSTITUT FÜR BAU-, STADT- UND RAUMFORSCHUNG 2010: 1). Der Anlass zum Wandel der Energiewirtschaft geht auf einen Vorschlag der Europäischen Union aus dem Jahre 1996 zurück. Diese formulierte das sogenannte 2-Grad-Ziel, mit dem eine Erwärmung der globalen Mitteltemperatur über den vorindustriellen Wert hinaus gemeint ist. Um das 2-Grad-Ziel zu erreichen, muss die künftige Treibhausgasemission also so weit begrenzt werden (vgl. RANDALLS 2010).

Eine wichtige Rolle bei der Gestaltung und Begründung des 2-Grad-Ziels spielte der Wissenschaftliche Beirat der Bundesregierung für Globale Umweltveränderungen. Auf der Weltklimakonferenz der Vereinten Nationen in Paris wurde dabei ein Nachfolgevertrag für das Kyoto-Protokoll von 1997 mit verbindlichen Klimazielen für alle 195 Mitgliedsstaaten der UN-Klimarahmenkonvention vereinbart. Als Ziel wurde festgeschrieben, die globale Erwärmung auf unter 2 Grad über dem vorindustriellen Niveau zu begrenzen und 1,5 °C globale Mitteltemperatur anzustreben. Auf diese Weise sollen gefährliche Folgen für die menschliche Gesellschaft und natürliche Ökosysteme abgewendet werden (vgl. FRAMEWORK CONVENTION ON CLIMATE CHANGE 2015: 2).

1.2 INHALTLICHE UND STATISTISCHE ABGRENZUNG DER ENERGIEWIRTSCHAFT

In Anlehnung des beschlossenen Energie- und Klimaprogramms der Bundesregierung, sowie des Nachfolgevertrages des Kyoto-Protokolls, erneuerte die Energiewirtschaft ihre Sichtweisen. In den Mittelpunkt der inhaltlichen Abgrenzung rückte dabei die Differenzierung der Energiewirtschaft nach dem „Was“ und dem „Wofür“. „Was“ fragt dabei nach den produzierten Gütern und Dienstleistungen eines klassifizierten Unternehmens, folglich steht die Art der Erzeugnisse im Fokus, wohingegen „Wofür“ nach der konzeptionellen Umkehrung herkömmlicher Sichtweisen fragt, folglich steht der werksexterne Zweck im Fokus. (vgl. PROGNOS AG 03/2015: 25). Der durch den Wandel der Energiewende entstandene neue Blickwinkel befasst sich dabei eher mit der Thematik „Wofür“ statt des „Was“ (vgl. PROGNOS AG 02/2015: 5).

Die daraus resultierende Abgrenzung soll es ermöglichen, die aus den statistischen Ämtern gewonnenen Informationen quantitativ zu unterscheiden. Die wichtigste gestellte Bedingung einer solchen Abgrenzung ist dabei die Kompatibilität mit der Wirtschaftszweigklassifikation 2008, welche die Grundvoraussetzung zur Interpretation von zur Verfügung stehenden Zahlen gewährleistet. Nur so können Zahlen konsistent mit der neuen Abgrenzung verknüpft werden. Zu beachten ist, dass viele Branchen nur anteilig zur Energiewirtschaft beitragen und es unabdingbar ist allgemeingültige Abgrenzungsregeln zu definieren, welche eine eindeutige Zuordnung ermöglichen und frei von Ausnahmeregelungen sind. In der inhaltlichen Abgrenzung ist zu verstehen, dass Die Energiewirtschaft als eigene Branche inexistent ist. Um eine eindeutige Antwort auf eine Voll – oder Teilzugehörigkeit geben zu können, untersucht sie vielmehr alle

Branchen und Unterbranchen der Wirtschaftszweigklassifikation. Produkte und Dienstleistungen die im mittelbaren und unmittelbaren Zusammenhang der Versorgung von Endverbrauchern mit Strom, Fernwärme, Kraftstoffen und Energiedienstleitungen stehen, sind dabei besonders von Interesse.

Zentrale Vertreter dieser Produkte und Dienstleistungen sind Bergbau, Kokerei Mineralölverarbeitung sowie als wichtigster Vertreter die Energieversorgung selbst. Aber auch Branchen zur Herstellung von Gerätschaften und Maschinen wie die Elektrotechnik für Photovoltaikanlagen und dem Maschinenbau zur Herstellung von Windkraftanlagen sind zu nennen.

Der unmittelbare Vertreter der Energiewirtschaft ist dabei der Wirtschaftszweig der Energieversorgung. Dieser bündelt Aktivitäten der Energieerzeugung zur Umwandlung in Endenergie sowie die Energieverteilung von leitungsgebundenen Energien wie Strom, Gas und Fernwärme, aber auch der leitungsungebundenen Energien wie Benzin und Heizöl. Erst durch die Berücksichtigung der mittelbaren und unmittelbaren Energieversorgungen lassen sich verschiedene Verflechtungen vor –und nachgelagerter Branchen entlang der gesamten Wertschöpfungskette aufzeigen, die voraussetzend für ein umfassendes Bild der Energiewirtschaft sind (vgl. PROGNOS AG 03/2015: 25f.).

Das Ziel der statistischen Abgrenzung ist die Quantifizierung der erwirtschafteten Bruttowertschöpfung sowie die Anzahl der dortigen Beschäftigten, welche durch die neu abgegrenzte Energiewirtschaft, unter der Verwendung vorliegender amtlicher Quellen, erzielt worden sind.

Bevor eine statistische Abgrenzung stattfinden kann, bedarf es der inhaltlichen Erfassung der Energiewirtschaft. Ausschlaggebend für eine reliable und valide Quantifizierung ist die Verwendung des aktuellsten Datensatzes des statistischen Bundesamtes.

Anschließend werden die Wirtschaftszweigbranchen jeweils nach dem Kriterium „Wofür wird produziert?" geprüft und der Energiewirtschaft zugeordnet. Nur in Ausnahmefällen wird eine Wirtschaftszweigbranche vollständig der Energiewirtschaft zugeordnet. Falls die Kriterien dazu nicht erfüllt worden sein sollten, erfolgt eine systematische, regelgebundene und stufenweise Zuordnung. Für den Fall, dass eine Branche nur anteilmäßig der Wirtschaftszweigbranche der Energiewirtschaft zuzuordnen ist, werden zusätzliche Statistiken hinzugezogen. Im Endeffekt lässt sich mit Hilfe dieser Methode jede Wirtschaftszweigbranche anteilig zur Energiewirtschaft festlegen (vgl. PROGNOS AG 02/2015: 8). Zur bildlichen Darstellung und für ein besseres Verständnis des Sachverhaltes, wurde Abbildung 1 hinzugefügt.

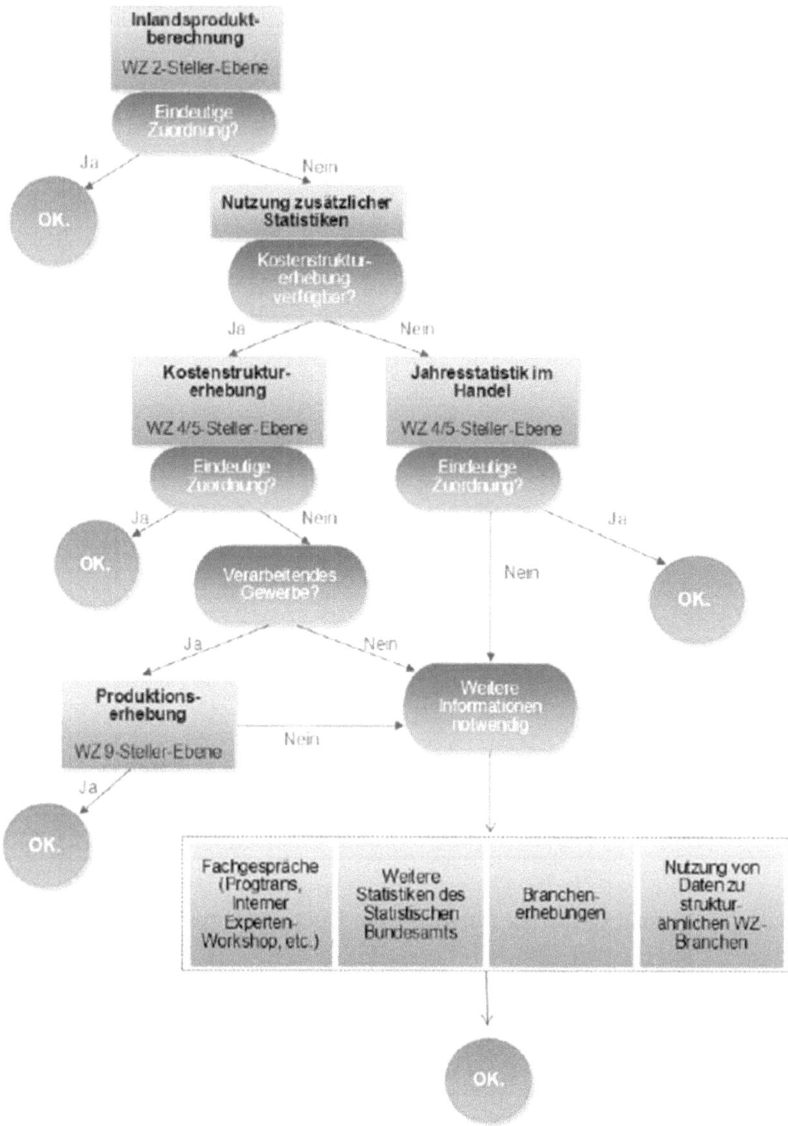

Abb. 1: Systematik der statistischen Abgrenzung der Energiewirtschaft (PROGNOS AG 03/2015: 38)

2 DER LÄNDLICHE RAUM

Der Begriff „ländlicher Raum" ist bis zum heutigen Tage, ein sehr komplexer und vielschichtiger. Er selbst unterliegt einem stetigen Wandel. Diverse Versuche einer näheren Begriffsbestimmung existieren in der zahlreiche Formulierungen aus Lexika, Wörterbuchenzyklopädien oder der Raumordnungspolitik versuchen eine ubiquitäre und umfassende Definition zu ergründen. Dabei tragen Sie jedoch eine Verantwortung darüber, dass es keine ubiquitäre Definition des ländlichen Raumes gibt. Gründe hierfür sind eine Vielzahl von Merkmalen und Eigenschaften, die den ländlichen Raum beschreiben und gerecht werden. Sie sind je nach wissenschaftlicher Ausrichtung, Thematisierung und Regionalbezug oftmals sehr unterschiedlich und werden einzeln bewertet und gewichtet. Zusätzlich, als einer der wichtigsten Merkmale, muss der Wandlungsprozess der Agrargesellschaft hin zur Industriegesellschaft genannt werden, da dieser in der heutigen Zeit, unter anderem auch durch die Energiewende, eine immer bedeutendere Rolle spielt. Die Bezeichnung des ländlichen Raumes selbst, hat sich aus historischer Sicht kaum verändert, jedoch sind deren definitorische Inhalte inzwischen derart vom bereits erwähnten Wandel beeinflusst, dass eine punktgenaue und widerspruchsfreie Beschreibung unrealisierbar erscheint. (vgl. HENKEL 2004: 30f).

2.1 Merkmale des ländlichen Raumes

Insgesamt gibt es eine Vielzahl von Merkmalen, die allesamt einen deskriptiven Berechtigungsanspruch zur Beschreibung des ländlichen Raumes haben. Ähnlich wie bei dem definitorischen Annährungsversuch sind nicht alle Merkmale für jedes Dorf zutreffend, jedoch können Sie verallgemeinernd wirken und werden im Folgenden angeschnitten.

Der „ländliche Raum" besitzt eine oftmals nur zweckmäßige Verkehrsinfrastruktur, die es einem ermöglicht, das gewünschte Ziel zu erreichen, jedoch unter einem höheren Aufwand als es in Städten oder Kleinstädten üblich ist. Verbindungen mit Bus sind eher selten und Bahn noch weniger vorhanden, erschwerend ist auch die Anbindung an das Straßennetz selbst zu nennen, da der Raum weniger geprägt ist durch Zugänge an Autobahnen oder Schnellstraßen. Ein Grund hierfür sind wirtschaftliche Belange, die zugleich das zweite Merkmal darlegen, dass der ländliche Raum über eine geringere

Ortsdichte, Bebauungsdichte und Bevölkerungsdichte verfügt, Beziehungen zu Mitmenschen sind in diesem Raum intensiver. Folge oder Ursache hierfür können eine schwache Infrastruktur selbst sein, da die Attraktivität der Lage oder die Zugänglichkeit unzureichend gegeben ist, um ein paar von diversen Gründen zu nennen. Daraufhin ist der Gesamtwert aller hergestellten Güter (Bruttoinlandsprodukt) im Vergleich zu urbanen Räumen geringer. Ergänzend und in Bezug auf die urbanen Räume besteht ein Abhängigkeitsverhältnis von Dorf zur Stadt, da diese eine bessere Infrastruktur und Zentralität besitzen, Ärzte, Einkaufsmöglichkeiten und Arbeitsplätze sind dabei auf vergleichsweiser kleiner Fläche zu erreichen. Sich stark vom Bild der Stadt unterscheidend, ist das Landschaftsbild von natürlichen und naturnahen Elementen geprägt und es lässt sich ableitend dazu sagen, dass als wichtigster Wirtschaftszweig die Land –und Forstwirtschaft gilt. Abschließend und aufgrund der genannten Merkmale kann man den ländlichen Raum kaum als Gegenstück zu urbanen Räumen betrachten, da diese in einer Austauschbeziehung stehen

Zusammengefasst ist der ländliche Raum ein naturnaher, von der Land- und Forstwirtschaft geprägter Siedlungsraum mit geringer Bebauungs- und Bevölkerungsdichte, sowie einer geringen Wirtschaftskraft und Zentralität der Orte, in dem zwischenmenschliche Beziehungen eine größere Rolle spielen als in urbanen Räumen. Dabei ist zu beachten, dass trotz aller Wandlungsprozesse hauptsächlich traditionelle Kriterien zur Erforschung des Begriffes dienen und die beschriebenen Merkmale nur bedingt die Komplexität des definitorischen Gegenstandeserfassen (vgl. HENKEL 2004: 32f.).

2.2 Aufgaben und Funktionen des ländlichen Raumes

Der ländliche Raum hat verschiedenste Funktionen und Aufgaben, welche sich separieren lassen in klassische, zugewiesene Funktionen und eigenständige Funktionen.

Die klassischen, durch die Industrie –und Dienstleistungsgesellschaften zugewiesenen, Funktionen sind dabei die land –und forstwirtschaftliche Produktion, die Gewinnung von Rohstoffen und Mineralvorkommen, Erholungs –und Freizeitfunktion sowie die langfristige Sicherung der Wasserversorgung und der ökologische Ausgleich. Neben den genannten vorrangigen Funktionen für die urbanen Räume existieren auch eigene Funktionen, welche sich als Wohn-, Wirtschafts- und Freizeitraum der ländlichen Bevölkerung nennen lassen können. Gerade im Wandel der Energiewende wird es zukünftig von Nöten sein, ländliche Räume nicht nur auf ihre städtischen Funktionen zu degradieren, sondern auch die Bedürfnisse, Wünsche und Funktionen zu beachten, da zukünftig von einer intensiveren Austauschbeziehung ausgegangen werden darf (vgl.

HENKEL 2004: 38f.). Abbildung 2 veranschaulicht insgesamt die Funktionen des ländlichen Raumes in der Industrie- und Dienstleistungsgesellschaft.

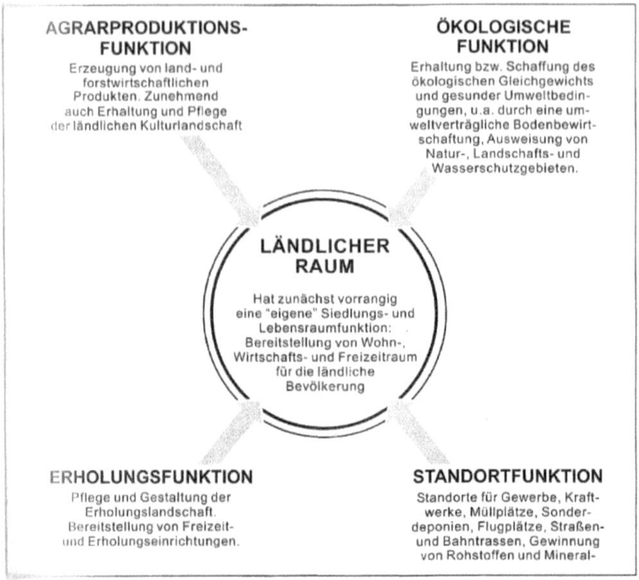

Abb. 2: Funktionen des ländlichen Raumes in der Industrie- und Dienstleistungsgesellschaft (HENKEL 2004: 39)

2.3 Geschichtliche Nutzung des ländlichen Raumes

In Anlehnung an die oben aufgeführten Funktionen, darf man davon ausgehen, dass der ländliche Raum seit jeher die Aufgabe hat, die energetischen Grundbedürfnisse der Bevölkerung zu decken. Zunächst ist dabei die Befriedigung des Ernährungsbedarfs gemeint, da der Mensch zur Aufrechterhaltung seiner biologischen Funktionen Energie zuführen muss. Diese, von dem Menschen so empfundene, Eigenschaft kann als Grundidee der Entwicklung des ländlichen Raumes aufgefasst werden (vgl. FRATZSCHER 2007: 75f.).

Im Wandel der Zeit haben sich die Grundbedürfnisse der Menschen verändert und Sie nutzten den ländlichen Raum um ihre neuentstandenen Bedürfnisse zu decken. Das Landschaftsbild wurde dabei über Jahrhunderte geprägt von Waldrodungen für Hausbau und Wärmeerzeugung, durch Begradigung von Flüssen unter anderem für die bessere Bewässerung von Feldern und durch den systematischen Abbau von Ressourcen wie Torf, Ton und Sand über Tagebauten (vgl. GALINSKI 2003: S. 3ff.).

Mit Einzug der Moderne wurde der Abbau von Ressourcen um die Komponente der fossilen Rohstoffe wie Erdöl und Kohle erweitert. Diese Art und Weise der Energiegewinnung führte zu einer fortschreitenden Devastierung des Landschaftsbildes und zu einem drastischen Anstieg des CO^2-Ausstoßes. Um die oben genannten Punkte vorzubeugen gefasst sich das Bundesministerium für Wirtschaft und Energie zusehends mit der Prävention.

2.4 Bedeutung der Energiewirtschaft für den ländlichen Raum

Zusammenfassend ist zu sagen, dass durch das der Bundesregierung Deutschland beschlossene „Integrierte Energie- und Klimaprogramm", sowie dem Energie-Erneuerungsgesetz in Zusammenarbeit mit den Energiebranchen, sich für den ländlichen Raum große Chancen auftun. Die Entwicklung des Energiesystems von fossilen zu regenerativen Energieträgern führt dabei nicht nur zu einer Neuausrichtung des Verhältnisses zwischen Raum und Energie, sondern auch zu einem neuen Verhältnis von Stadt und Land, in der die wie bereits im Punkt „3.1 Definition und Funktionen des ländlichen Raumes" angeschnitten wurde, die Austauschbeziehungen zwischen ländlichen und urbanen Räumen intensiviert werden. Ein Großteil der Anlagen und installierten Leistung ist bedingt durch die Rohstoff- und Flächenverfügbarkeit außerhalb der Siedlungsflächen im ländlichen Raum vorzufinden. Dies führt dazu, dass der ländliche Raum analog zum Ausbau der erneuerbaren Energien wie Wind- und Bioenergieanlagen, sich zunehmend zum erneuerbare Energieproduzenten entwickelt. Diese absehbare Entwicklung wird dabei auch von landschaftsästhetischen Belangen sein, da das Erscheinungsbild durch die genannten Anlagen maßgeblich geprägt wird. Geht man davon aus, dass einige Räume mehr Energie produzieren als dort verbraucht wird, so kann man zusätzlich eine zunehmende Versorgungsfunktion für andere urbane Räume wahrnehmen.

Diese Möglichkeit kann zu einer Verdichtung innerhalb des ländlichen Raumes führen, da durch die neu geschaffenen Arbeitsstellen ein Zuwachs der Bevölkerungs- Bebauungs- und Ortsdichte zu erwarten ist (vgl. BUNDESINSTITUT FÜR BAU-, STADT- UND RAUMFORSCHUNG 2010: 2ff.).

3 AKTUELLE HERAUSFORDERUNG UND POTENZIALE

Um die Energiewende erfolgreich über die nächsten Jahrzehnte umsetzen zu können, genügt es nicht einfach nur nach den möglichen Potenzialen zu forschen, vielmehr müssen hierbei die Herausforderungen vorangestellt werden, da diese mit vorab gemeistert werden müssen, um die Potenziale optimal zu entfalten. Aus Gründen der Vielfalt sowie Umfänglichkeit werden nur ein paar der aktuellen Teilbereiche der Herausforderungen herangezogen. Die erarbeiteten Herausforderungen sind dabei nicht nur einer regionalen oder bundesregionalen Problematik unterstellt, sondern auch auf bundesrepublikanischer, europäischer und globaler Ebene zu finden. Im Folgenden werden dabei verschiedene Herausforderungen aus multiperspektivischer Sicht für den Raum der Bundesrepublik Deutschland betrachtet und einzeln erläutert.

Als oberste und größte Herausforderungen selbst, wie bereits in Punkt „1.1 Energiewirtschaft und deren Anlass zum Wandel“ angeschnitten, wird die Erfüllung des Unterschreitens vom 2-Grad-Ziel angesehen und bildet damit das Fundament zum Wandel der Energiewende. Auch wenn das Klimaziel dabei nahezu willkürlich festgelegt worden ist und sich wissenschaftlich kaum begründen lässt, kann man anhand des bisherigen Temperaturanstiegs die Folgen absehen, sollte die Temperatur weiterhin steigen. Die Grenze zwischen gefährlichem und ungefährlichem Klimawandel ist dabei bislang inexistent. Zum einen wird es zu stärkeren Temperaturzunahmen in manchen Regionen kommen, die deutlich über dem Grenzwert liegen. Zum anderen kann niemand abschätzen, welche Klimaschutzmaßnahmen in den unterschiedlichen Regionen der Erde bis dahin zur Verfügung stehen oder zur Verfügung stehen müssen. Es ist daher nur konsequent, wenn auch nach den Möglichkeiten gefragt wird, die globale Temperaturerhöhung auf einen geringsten Wert zu begrenzen (vgl. RANGER, et al. 2012). Daraus lässt sich ein Potenzial zur Aufrechterhaltung der bisher bekannten Flora und Fauna ableiten, sowie ein gesteigertes Aufkommen von extremen Wettererscheinungen minimieren.

Anhand der oben beschriebenen Herausforderung und den verbundenen Potenzial sowie der damit verbundenen Energiewende, lassen sich schlussendlich die aufkommenden Herausforderungen für die Energiewirtschaft als auch für den ländlichen Raum ableiten. Hierbei ist zu beachten, dass die folgenden Herausforderungen nicht als allein stehendes Problem zu betrachten sind, sondern oftmals in direkter oder indirekter Verbindung zu einander stehen. Aufgrund der Vielzahl an Herausforderungen werden in den folgenden Abschnitten daher nur einige und nicht alle beschrieben.

3.1 Teilbereich der Landschaftsästhetik

Die folgende aktuelle Herausforderung nimmt Bezug auf die Tatsache inwiefern der Ausbau von Anlagen zum Erzeugen von erneuerbaren Energien das Landschaftsbild zu einem Energielandschaftsbild verändert. Um den Begriff Energielandschaft definieren zu können, ist eine Klärung des Landschaftsbegriffs von Belangen.

Der wissenschaftliche Landschaftsbegriff lässt sich definitorisch kaum exakt bestimmen. Die in den Raumwissenschaften mehrheitlich vorherrschenden Begriffskonzepte unterscheiden Landschaft hierbei in einer kulturellen- und naturräumlichen

Betrachtungsebene. Mit der naturräumlichen Perspektive wird Landschaft überwiegend als einen durch einheitliche Struktur und gleiches Wirkungsgefüge geprägten konkreten Teil der Erdoberfläche verstanden. Aus der kulturellen Perspektive wird Landschaft hingegen versucht als ein sozialräumliches Wirkungsgefüge zu prägen und die daraus resultierenden sozialen Praktiken und Erzeugnisse in Form kulturräumlicher Spuren zu erfassen. Eng verbunden mit dem Landschaftsbegriff ist der Begriff der Kulturlandschaft, damit soll die Umformung kulturhistorischer Elemente einer Landschaft analysiert werden. Im Fazit, kann man sagen, dass die naturräumliche Betrachtung eine systemtheoretisch ausgerichtete Perspektivierung besitzt, wohingegen der kulturräumliche Landschaftsbegriff auf Theoriezugänge zurückzuführen ist. Die Betrachtungen legen eine einzeln zu bestimmende, räumliche Abgrenzung eines Gebietes der Erde zugrunde und ermöglichen beide die Analyse von Wechselwirkungen zwischen naturräumlichen Gegebenheiten und menschlicher Einflussnahme.

Der Landschaftsbegriff führte über die wissenschaftliche Begriffsklärung hinaus zu einem selbstständigen gesellschaftlichen Begriffsverständnis und zur Schöpfung des Begriffs Energielandschaft. Ursprünglich basierte der Begriff der Energielandschaften auf der innovativen Nutzung von Solarenergie und wird heute eher definiert als räumliche Teilausschnitte, in denen eine erhöhte Raumbedeutsamkeit der fokussierten Nutzung von Energieträgern zu Gute kommt, welche sich dabei landschaftsprägend auswirken. Das naturräumliche Verhältnis ist daher oftmals benachteiligt und weicht für die zu verbauenden Energieerzeugungseinheiten, welche eine starke Abhängigkeit der Landschaftsfläche mit sich bringen. Die naturräumlichen Grenzen legen letztlich die Nutzungsmöglichkeiten der verschiedenen Energieträger im Raum fest und sind voraussetzend für die Errichtung von Energielandschaften.

Eng verbunden mit der Bewertung von erneuerbaren Energieträgern ist die Raumbedeutsamkeit, da sich hierdurch Hinweise auf ein mögliches Konfliktpotenzial ableiten lassen. Als raumbedeutsam gelten sämtliche Vorhaben, durch die die räumliche Entwicklung oder Funktion eines Gebietes beeinflusst wird. Im Folgenden werden verschiedene Möglichkeiten aufgezeigt, wie der Raum von Energieträgern geprägt wird. Innerhalb der Wasserkraft kann bei größeren Anlagen von raumbedeutsamen Vorhaben gesprochen werden. Bereits existierende Kraftwerke stoßen trotz der großräumigen Auswirkungen dennoch häufig auf gesellschaftliche Akzeptanz, was sich darin ablesen lässt, dass die angeeignete Landschaft ästhetisch und romantisch wahrgenommen wird und die Bauwerke nicht selten als Industriedenkmäler geschützt sind. Photovoltaik, eine Form der elektrischen Energiegewinnung durch Sonnenlicht, wird oftmals eine sinnvolle Mehrfachnutzung von Bauwerken und Gebäuden zugeschrieben, was die Akzeptanz in der Bevölkerung ansteigen lässt. Bei solaren Freiflächenanlagen gelangen die Anlagen durch ihre flache Horizontlage häufig nicht in wahrnehmbare Sichtachsen und werden fast genauso wenig als störend empfunden. Der oberflächennahen Geothermie kann grundsätzlich keine Raumbedeutsamkeit zugesprochen werden, da dieser Energieträger in der Fläche eingesetzt wird und keine größeren räumlichen Auswirkungen nach sich zieht. Anders sieht es hingegen bei der Bioenergie aus, eine Unterscheidung nach Anlage und Anbaufläche ist von Nöten. So sind Kleinstbiogasanlagen nur in kumulativer Anhäufung raumbedeutsam und es lässt sich in Verbindung zum Anbau von den benötigten Energiepflanzen eine räumliche Auswirkung darlegen.

Den bisher genannten Energieträgern ist gemeinsam, dass sie ein vergleichsweises geringes und bei der Bioenergie ein mittleres Konfliktpotenzial aufweisen. Dementgegen steht der Energieträger Windenergie, trotz seiner geringen flächenmäßigen Inanspruchnahme eines der höchsten Konfliktpotenziale gegenüber. Ob eine Windenergieanlage raumbedeutsam ist, bedarf einer Einzelfallbeurteilung. Kriterien hierfür sind unter anderem die Gesamthöhe, sowie Anzahl der Windenergieanlagen. Das feststellbare erhöhte Konfliktpotenzial resultiert aus der wahrgenommenen Vertikalüberprägung der Landschaft, die insbesondere bei der unmittelbar betroffenen Gesellschaft zu kommunalen Widerständen bis hin zur vollständigen Ablehnung führen kann (vgl. BRÜHNE 2015: 112ff.). Des Weiteren spielt die Bildung von Schlagschatten durch die Rotorblätter, sowie eine mögliche Gesundheitsbelastung durch den Infraschall der Windenergieanlagen eine bedeutsame Rolle bei einer möglichen Ablehnung (vgl. WEBER et al. 2016: 227). Auch wenn die grundlegende Beteiligung der Zivilgesellschaft an den Entscheidungsprozessen zum Umgang mit der Landschaft alternativlos erscheint und sich diese zum Zwecke der selbst auferlegten Vorstellung des Schutzes, eine über die Jahre scheinbar verloren gegangene Landschaftsästhetik systematisch versucht wieder zu entdecken, gilt es in erster Linie regulierbare Handlungsbedingungen für die Bevölkerung des ländlichen Raums und des Staates zu finden um eine starke politische Partizipation zu präventieren (vgl. BRÜHNE 2015: 126). Erst wenn die gröbsten Differenzen geklärt werden können ist die Entfaltung eines Potenzials möglich. Die betreffenden ländlichen Regionen profitieren dabei in multipler Hinsicht. Einerseits ist mit einer Verbesserung der Wirtschaftlichkeit durch Energieautarkie zu rechnen, anderseits kann auch eine Verbesserung des Images durch Betitelung als „Erneuerbare-Energie-Region" die Folge sein. Nicht zu vergessen sind dabei die teils horrenden Einnahmen aus der Verpachtung von Flächen, welche für die Energieanlagen benötigt werden und zukunftsweisend für Regionen des ländlichen Raums sind.

3.2 Teilbereich der Raumverträglichkeit

Eine weitere aktuelle Herausforderung, die der Raumverträglichkeit, begründet sich in der Transformation der Energiewirtschaft und geht unter anderem mit der Herausforderung der Landschaftsästhetik einher. In Anlehnung von Punkt „2 Inhaltliche und statistische Abgrenzung der Energiewirtschaft“, wo der neuere Gedanke der Energiebranche sich eher mit der Fragestellung des „Wofür statt Was“ befasst, entfernt man sich weg von fossilen und nuklearen Energieträgern und begibt sich zu den erneuerbaren Energien. Diese Umstellung von Energieträgern wird von erheblichen Veränderungen in der gesamtwirtschaftlichen Standortakquise von Kraftwerken zur Stromerzeugung begleitet. Jedoch kennzeichnet sich die Standortplanung für Wind-/ Photovoltaik-/ Biogas- und Erdwärmekraftwerke bislang dadurch, dass Fragen zur räumlichen Optimierung nur innerhalb eines betreffenden Technologiepfades unabhängig von den Potenzialen und Flächenansprüchen der übrigen erneuerbaren Energien, erörtert werden. Der ländliche Raum wird bei diesem Vorgang einer Standortplanung auf die Kategorien Gunst- und Ungunsträume reduziert, ohne dabei mögliche Interferenzen zu diagnostizieren. Diese Art der Regionalisierung ist lediglich von ökonomischen Überlegungen geprägt, welche den Standortfindungsprozess zu Gunsten der jeweiligen interessierten Unternehmen verzerrt. Die Folge ist, dass die ökologische und soziokulturelle Vielfalt ländlicher Räume ignoriert wird. Als akzeptable Entscheidungsgrundlage für einen konkreten Ausbau von erneuerbaren Energien auf kommunaler und regionaler Ebene können derartige Instrumente jedoch nicht funktionieren, da diese oberflächlichen Informationen zu sich später entwickelnden Konflikten führen, die Ihre Entstehung in einer destruktiven Raumplanungskultur finden, da das Herstellen von gleichwertigen Lebensverhältnissen im ländlichen Räumen zu wenig beachtet wird.

Eine Abhilfe schafft es den Begriff der Raumverträglichkeit zu operationalisieren. Hierbei werden innerhalb von Teilräumen spezifische Schemata für ökonomische, ökologische und soziale Anforderungen erstellt, an dem die regenerativen Technologien definiert und erneuerbare Energien ihrer Eignung nach klassifiziert werden. Erst dadurch kann eine raumverträgliche Zuordnung von erneuerbaren Energien erfolgen. Unabdingbar ist allerdings, sich von den bestehenden und teils realitätsfernen Denkarten der Standortplanung zu lösen, die den optimalen Standort für eine im Voraus festgelegte erneuerbare Energieform festzulegen versucht. Folglich geht es darum für einen zu nutzenden Standort die passende erneuerbare Energie zu finden (vgl. BOSCH et al. 2016: 29ff.)

Die Berücksichtigung der jeweiligen Raumklassifikation ist hierbei ein erster Schritt in die richtige Richtung und ein damit verbundenes Kennen der zentralen Raumtypen Unerlässlich. Unter den zentralen Raumtypen ist die Einteilung von Teilräumen zu verstehen, die sich hinsichtlich ihrer Anforderungen an den Ausbau von erneuerbaren Energien voneinander unterscheiden. Bei der Bildung von Teilräumen wird die Empfindlichkeit eines Raumes gegenüber Eingriffen als Klassifizierungsmerkmal herangezogen. (vgl. BOSCH et al. 2016: 31f.) Ein weiterer wichtiger Schritt zu einem gelungenen raumverträglicher Ausbau ist das Anwenden und Verwenden von Parametern. Diese lassen sich in ökonomischer, ökologischer und soziologischer Hinsicht unterscheiden. Im ökonomischen Parameter geht man dabei auf Kosten ein, da diese eine Kenngröße zur Möglichkeit der Energiebereitstellung darstellen. Eine genaue Darstellung der zu erwartenden Kosten ist deswegen notwendig, da unerfahrene Privatpersonen seltener mit den wirtschaftlichen Risiken von Energieprojekten vertraut sind und oftmals riskante Standortoptionen ins Planungskalkül miteinbeziehen.

Im ökologischen Parameter steht unter anderem die Flächeneffizienz im Vordergrund, da es in intensiv genutzten Räumen entscheidend sein kann, jene erneuerbaren Energien einzusetzen, deren Flächenansprüche mit den Ausmaßen regionaler Ökosystemverbunde übereinstimmen. Doch auch für äußerst sensible Teilräume, innerhalb derer die Flächenbelastung auf ein Minimum reduziert werden soll, ist die Kenntnis der technologiespezifischen Flächeneffizienz von großer Relevanz. Entscheidende Merkmale für die technologiespezifische Flächeneffizienz bilden hierbei die Rückbaufähigkeit, die Recyclebarkeit und auch die Vertretbarkeit von Baustoffen von erneuerbaren Energieträgern.

In den soziologischen Parametern gilt es zu untersuchen, inwieweit sich eine regenerative Technologie ins Landschaftsbild einfügen lässt. Dabei spielen Aspekte wie Ästhetik, Auffälligkeit, Überdeckung, Eigenartverluste und Erholungseignung eine Rolle.

Der starke Ausbau von erneuerbaren Energien ist demnach kritisch zu hinterfragen, wenn Genehmigungsverfahren nicht die legitimen Anliegen aller sozialen Gruppen respektieren. Damit werden Genehmigungsverfahren, als ein ursprünglich ökologischer sowie einem daraus ableitbaren ökonomischen Standortparameter, wenn die Dauer eines Verfahrens und seine Kosten betrachtet werden, auch zu einem Standortparameter mit sozialer Komponente. Nachdem die zentralen Standortparameter hergeleitet wurden, stellt sich die Frage nach der jeweiligen Relevanz für die unterschiedlichen Raumtypen. Hierzu wurde eine Gewichtung gewählt, die den Gegebenheiten sensibler Teilräume dadurch Rechnung trägt, indem ökologische und soziale Parameter eine größere Bedeutung haben, als ökonomische Parameter. Es ist zwar davon auszugehen, dass künftige Generationen erneuerbare Energien als vertraute Elemente heimatlicher Normallandschaft wahrnehmen werden, jedoch entbindet der Gewöhnungseffekt nicht von der Verantwortung einer landschaftlich angepassten Integration (vgl. BOSCH et al. 2016: 33ff.).

Voraussetzend dafür ist der aktuelle Bezug. Verwendet man in diesem Zusammenhang die bereits dargelegten Möglichkeiten lässt sich ein Potenzial zum effektiveren Aufbau der Energieträger unabhängig von der Energiemaximierung ableiten, aber auch eine größere Akzeptanz der ländlichen Bevölkerung basierend auf der Schonung der Umwelt. Für den ländlichen Raum ist es insofern bedeutsam, dass eine Verbesserung der Standortfunktion erzielt werden kann.

3.3 Teilbereich des Infrastrukturausbaus

Damit der ländliche Raum nicht nur flächennutzungstechnisch attraktiv für die Energiewirtschaft ist, sondern auch infrastrukturtechnisch bleibt, wird als eine weitere aktuelle Herausforderung dafür, aber auch für die Energiewirtschaft selbst, der Ausbau der Infrastruktur angesehen.

Bislang werden vor allem in den als ländlichen Räumen bezeichneten Regionen immer weniger Infrastruktureinrichtungen vorgehalten. Mögliche Gründe hierfür sind verringerte Zugangsmöglichkeiten, große Distanzen aufgrund einer ungünstigen Siedlungsstruktur und eine zu geringe Bevölkerungsdichte, erschwerend kommt auch ein schwindendes Interesse des Staates hinzu, den Versorgungsstandard in ländlichen Räumen aufrechtzuerhalten (vgl. REICHERT-SCHICK 2015, S. 76). Infolge der geringen Bevölkerungsdichte wird der Erhalt der Infrastrukturdichte immer schwieriger. Geschäfte, Buslinien und Grundschulen werden aufgegeben, Dienstleistungen nicht angeboten, was die ungünstige wirtschaftliche Ausgangslage noch weiter verschlechtert. Zudem werden Neuerungen im Bereich der Infrastruktur verzögert oder nicht umgesetzt, was hierbei die Breitbandinfrastruktur betrifft Zudem haben die Kommunen immer seltener die Möglichkeiten, der Aufrechterhaltung Ihrer sozialen und kulturellen Einrichtungen, nachzukommen. Dadurch sinkt wiederum die Wohnumfeldqualität in den Gemeinden. Einschränkungen dieser Art, die die Lebensqualität vermindern, führen zu einer Abwanderung der Anwohner. In Folge dessen wird der Facharbeitermangel erhöht, was ansässigen Unternehmen und zur Neuansiedlung bereiten Unternehmen, wie aktuell aus der Energiewirtschaft, zusätzliche Erschwernisse bereitet. (vgl. REICHERT-SCHICK, S. 77f.). Räume, in denen nur noch eine fragmentelle Infrastruktur besteht, sind dabei von einem Teufelskreis betroffen, dadurch wird ausgerechnet in ländlichen Raum durch den infrastrukturellen Rückbau die Möglichkeit zur Teilhabe an positiven Entwicklungseffekten weiter verringert (vgl. WINKEL 2008, S. 44).

Um das Potenzial einer Region neu -oder wieder zu entfalten können hierbei Gegenmaßnahmen der kommunalen und regionalen Wirtschaftsförderung angewandt und umgesetzt werden. Zu klären ist dabei, wer die Verantwortung für die Anpassung und auch den Ausbau der Infrastruktur übernehmen kann. Als handelnder Beteiligter, auch Akteur, zur Gestaltung der infrastrukturellen Angebote stehen in diesem Zusammenhang drei mögliche Beteiligte zur Auswahl; Der Staat als Vertreter von Kommunen und der Region, private Unternehmen und zivilgesellschaftliche Gruppen, wie Dorfinitiativen. Hierbei gilt es die drei Beteiligten miteinander zur Kooperation zu bewegen. Anfangs wird es eher um eine Vermittlung zwischen den Beteiligten gehen, während im nächsten Schritt es darum geht Ideen umzusetzen, um eine Institutionalisierung realisieren zu können. Die Wirtschaftsförderung hält dabei einen nennenswerten Anteil, da vorrangig das Wohl der Region und nicht das der Kommune im Fokus steht (vgl. DALLMANN und RICHTER 2012, S. 65f.). Dennoch muss ein tragbares Gleichgewicht für die drei Handlungsbeteiligten gefunden werden, um das volle Potenzial im aller Interesse entfalten zu können. Auch wenn der Infrastrukturausbau für den Staat mit horrenden Kosten verbunden ist, können dadurch die klimatischen Ziele besser realisiert werden. In Bezug auf die Unternehmen der Energiewirtschaft kann die Energiewende leichter erzielt werden und Arbeitsplätze werden geschaffen. Der ländliche Raum profitiert von einer Revitalisierung, sowie der Aufrechterhaltung der Lebensqualität und einer gesteigerten Wirtschaftlichkeit.

3.4 Teilbereich des Fachkräftemangels

Um die Energiewende in einem zeitlich und qualitativ adäquaten Rahmen umsetzen zu können Bedarf es neben der genauen Standortplanung und der Verfügbarkeit technischer Vorrichtungen natürlich auch an menschlicher Arbeitskraft innerhalb der Energiewirtschaft. Aufgrund des stetigen Wachstums innerhalb der Energiewirtschaft ist die Nachfrage an Fachkräften daher ungebrochen. Daher besteht aktuell immer noch die Herausforderung zur Prävention vom Fachkräftemangel.

Von einem Fachkräftemangel ist dann die Rede, wenn das Angebot an Fachkräften längerfristig nicht ausreicht, um die unternehmerische Nachfrage zu decken. Somit definiert sich ein Fachkräftemangel erst über einen längeren Zeitraum. Aufgrund der heute verfügbaren Daten kann festgestellt werden, in welchen Berufen gegenwärtig Mängel bestehen oder in der letzten Zeit bestanden haben. Können Arbeitgeber freie Stellen nicht besetzen, entstehen Differenzen, da zum Beispiel vereinbarte Liefertermine nicht wahrgenommen werden können. Folgen können dabei der Aufbau von Überstunden sein und der damit verbundenen Verneinung von Mehrarbeit. Zusätzlich könnten dadurch Aufträge wegen fehlender Kapazitäten abgelehnt werden und auch die technische

Entwicklung und Fortschritt der Energiewirtschaft leidet darunter. Um den Mangel kurz -und mittelfristig ausgleichen zu können, ergeben sich verschiedene Möglichkeiten. Zum einen bietet sich eine Umschulung für bereits branchenähnlicher Arbeitnehmer an, zum anderen bietet sich die direkte Ausbildung von Schulabgängern für die diversen Bereiche der Energiewirtschaft an. Zu guter Letzt ist auch die Integration von Arbeitslosen in den Arbeitskreislauf eine sinnvolle Möglichkeit um den Mangel auszugleichen. Wichtig bei der Ausbildung und Einstellung von Fachkräften ist unter anderen, dass eine regionale Gebundenheit der Arbeitsplatzsituation besteht, da es unzumutbar erscheint die Arbeitnehmer dauerhaft ein Arbeitsumfeld aufzuerlegen, welches ganz Deutschland umfasst. Des Weiteren sollten bei einer möglichen Umschulung handwerkliche Tätigkeiten bereits im Vorfeld durch frühere Arbeitsverhältnisse gegeben sein. Gerade in den, im Vergleich zu urbanen Räumen, wirtschaftlich schwächeren ländlichen Räumen ergeben sich dadurch absehbare positive Effekte für den Arbeitsmarkt und die Wirtschaft, mit weiterreichenden Folgen für den Wohlstand einer Region sowie der Bewohnerdichte durch Zuzug von Arbeitnehmern (KUBIS und MÜLLER 2014, S. 1ff.).

4 AKTUELLE FALLBEISPIELE

Die folgenden aktuellen Fallbeispiele sollen einen kurzen Überblick über die spezifische Relevanz von Herausforderungen der unterschiedlichen erneuerbaren Energieträger geben. Deutlich gemacht werden soll, dass es innerhalb der Trägergruppen keine festen Schemata zur Bewältigung existieren, stattdessen sollen diese durch Einzelfallentscheidungen und Weiterentwicklungen begünstigt werden.

4.1 Fallbeispiel Windenergie

Aus dem Punkt „3.1 Teilbereich der Landschaftsästhetik“ wurde bereits für die Windenergieanlagen ein besonders hohes Konfliktpotenzial ermittelt. Das nun folgende Fallbeispiel aus der Gemeinde Iven soll diese Tatsache genauer in Betracht nehmen.

Die energiepolitische Ausrichtung des Landes Mecklenburg-Vorpommern zeigt einen weiteren Ausbau der Windenergienutzung auf. Durch Optimierung der Eignungsgebiete für Windenergieanlagen werden die landseitigen Windkraftpotentiale erheblich erweitern. Um das strategische Ziel der Landesregierung der Verdopplung der Windenergieflächen auf knapp 1,5 Prozent der Landesfläche zu erreichen, sollen dazu mehr Windkrafteignungsgebiete ausgewiesen werden. Hierzu sieht der überarbeitete Kriterienkatalog der „Hinweise zur Festlegung von Eignungsgebieten für Windenergieanlagen“ vor, den bisher auf 5km festgelegten Abstand zwischen Eignungsgebieten für Windenergieanlagen auf 2,5 km zu verringern. Bereits schon jetzt werden im Resultat der Flächenausweisung für Windenergieanlagen im Regionalen-Raumentwicklungsprogramm-Vorpommern einzelne Gemeinden von Eignungsgebieten für Windenergieanlagen in unterschiedlicher Ausprägung umgeben. Dieser Effekt kann sich durch Berücksichtigung des neuen Kriterienkatalogs verstärken. Der Vorstand des Regionalen Planungsverbandes Vorpommern hat am 23.05.2012 beschlossen, die möglichen Beeinträchtigungen der Lebensqualität bei der Umfassung von Ortschaften mit Windenergieanlagen fachgutachterlich prüfen und bewerten zu lassen. Ziel einer vertiefenden Untersuchung soll es sein, die Vermeidung von erheblichen Beeinträchtigungen der Lebensqualität zu schaffen, die aus der Umfassung von Ortschaften durch Windenergieanlagen resultieren können (vgl. MINISTERIUM FÜR ENERGIE –INFRASTRUKTUR UND LANDESENTWICKLUNG MECKLENBURG-VORPOMMERN 2013: 1f.). Der Prüfung liegen dabei verschiedene Präzedenzfälle anderer Bundesländer vor (Tabelle 2).

Datengrundlage	Erläuterungen
OVG Magdeburg (Beschl. v. 16.03.2012, DVBl. 2012)	**Regionaler Entwicklungsplan der Region Halle (RPG HALLE 2010) -wirksam-** – Dieser – **wirksame** – Plan sieht nach dem **Kriterium A 20** vor, dass auf die Ausweisung solcher Gebiete zu verzichten ist, die zu einer Einkreisung von Siedlungsbereichen führen, damit auf die Bewohner bedrohlich wirken und sie belästigen. Hierbei hat die Regionale Planungsgemeinschaft angenommen, dass eine **Einkreisung dann vorliegt, wenn ein Windpark in einem Winkel von 120 Grad um den Siedlungsbereich eine deutlich sichtbare geschlossene, den Siedlungsbereich umfassende Kulisse** darstellen würde. – Die u. a. gegen dieses Kriterium gerichtete Klage ist erfolglos geblieben. Das OVG Magdeburg hat die Anwendung dieses **Ausschlusskriteriums zur Flächenreduzierung als zulässig bestätigt**. Hiernach ist es **statthaft**, im Rahmen der Abwägung **den Ausschnitt des 120-Grad-Winkels, in dem Windenergieanlagen zulässig sein sollen, an einem bereits bestehenden Windpark auszurichten und diejenigen Teile der Potenzialfläche zu streichen, die außerhalb des 120-Grad-Ausschnitts liegen.**
VG Stuttgart (Urt. v. 29.04.2012 – 13 K 898/08 – juris)	**Regionalplan Heilbronn-Franken (RPV Heilbronn-Franken 2006) -unwirksam-** – Das VG Stuttgart hat festgestellt, der Regionalplan Heilbronn-Franken 2006 sei u. a. deshalb abwägungsfehlerhaft und **unwirksam**, weil das im Regionalplan vorgesehene Ausschlusskriterium „Einkreisung von Ortslagen" nicht plausibel sei. Insbesondere hat das VG Stuttgart dem Plan vorgeworfen, dieser habe – wie jedoch geschehen – nicht die Zahl der Standortbereiche als Anknüpfungspunkt wählen dürfen. Stattdessen hätte **die realisierbare hohe Zahl von Windenergieanlagen als Maßstab für eine unzulässige Einkreisung** gewählt werden müssen.
OVG Berlin-Brandenburg (Urt. v. 09.04.2008 – OVG 2 A 4.07 – juris)	**Flächennutzungsplan der Stadt Nauen (Stadt Nauen 2006) -wirksam-** – Im Rahmen eines Normenkontrollantrages gegen die Ausweisung von Konzentrationsflächen in einem Flächennutzungsplan hat das OVG Berlin-Brandenburg festgestellt: **Die Herausnahme von Potenzialflächen aus der Konzentrationsflächendarstellung stellt keinen Abwägungsfehler zulasten der Windenergie da,** wenn hierdurch die Einkreisung von Siedlungsgebieten vermieden werden soll. – In dem damals zur Entscheidung anstehenden Rechtsstreit hat eine Gemeinde Sonderbauflächen für Windenergie deshalb nicht festgesetzt, weil die Umgebung durch vorhandene Windenergieanlagen und durch eine Bahnstrecke sowie durch zahlreiche Hochspannungsleitungen bereits hochbelastet gewesen sei. So sei der betreffende Ortsteil bereits zu ca. 2/3 von Eignungsgebieten eingefasst gewesen. Der freie Blick in die Landschaft sei nur noch durch Freihaltekorridore nach Norden (ca. 1,5 km breit – ca. 15 %) und nach Südwesten (ca. 2 km breit – ca. 20 %) gewährleistet gewesen. – Das OVG hat sich dafür ausgesprochen, dass die Verhinderung der Einkreisung von Siedlungsbereichen ein sachgerechtes, städtebauliches und regionalplanerisches Ziel ist. Zu den Anforderungen an dieses Kriterium hat es keine weiteren Aussagen formuliert und sich ferner auch nicht weiter mit den Schutzzielen dieses Kriteriums auseinandergesetzt.

Tab. 1: Überblick über die Auseinandersetzung mit einem Kriterium zur Verhinderung einer „Umzingelungswirkung" von Windenergieanlagen

(MINISTERIUM FÜR ENERGIE –INFRASTRUKTUR UND LANDESENTWICKLUNG MECKLENBURG-VORPOMMERN 2013: 9) Ausgehend vom Sachverhalt, dass von Windenergieanlagen eine optisch bedrängende Wirkung ausgeht, die

Umzingelungswirkung genannt werden kann, konnten keine empirischen Untersuchungen zu den Windenergieanlagen auf Erleben und Verhalten im Allgemeinen und zu deren Stresswirkungen auf Anwohner im Besonderen gefunden werden (vgl. MINISTERIUM FÜR ENERGIE –INFRASTRUKTUR UND LANDESENTWICKLUNG MECKLENBURG-VORPOMMERN 2013: 6ff.). Um jedoch die visuelle Wahrnehmung und damit einen Teil der Lebensqualität der Menschen zu schützen wurde ein maximal zulässiger Umfassungswinkel von 180 Grad definiert. Dadurch soll der freie Blick in die Landschaft vor bedrohlichen und erdrückenden Wirkungen geschützt werden. (vgl. MINISTERIUM FÜR ENERGIE –INFRASTRUKTUR UND LANDESENTWICKLUNG MECKLENBURG-VORPOMMERN 2013: 11). Allerdings werden bereits schon jetzt einzelne Gemeinden von Eignungsgebieten für Windenergieanlagen umzingelt. Am Beispiel von Iven, in der Nähe von Anklam, stellt sich dieser Sachverhalt so dar, dass bereits Windenergieanlagen existierten, die außerhalb eines Windeignungsgebiets errichtet worden sind. Diese decken bereits einen Ausschnitt von 120 Grad ab. Darüber hinaus existiert in der Umgebung der Gemeinde Iven ein Windeignungsgebiet welches die Gemeinde bereits in einem Winkel von 180 Grad einfasst. In einem Ausschnitt von ca. 30 Grad überlagert sich zudem das Eignungsgebiet mit den Windenergieanlagen außerhalb von Windeignungsgebieten. Somit könnte die Gemeinde Iven, in der Abbildung gekennzeichnet mit dem roten Punkt, in einem Winkel von 257 Grad durch Windenergieanlagen umfasst werden (Abbildung 3).

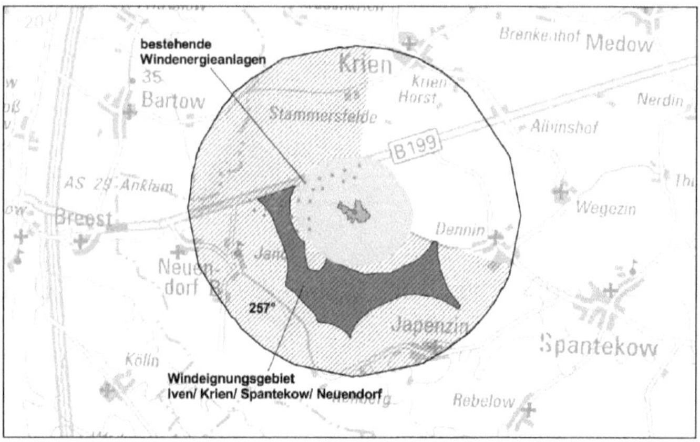

Abb. 3: Darstellung der Umfassungswirkung durch Windenergieanlagen der Gemeinde Iven

(MINISTERIUM FÜR ENERGIE –INFRASTRUKTUR UND LANDESENTWICKLUNG MECKLENBURG-VORPOMMERN 2013: 19) In solch einem prekären Fall wurde empfohlen, das Kriterium Restriktionskriterium einzustufen, um eine Prüfung im Einzelfall zu ermöglichen. Hierbei kommt auch in Betracht, bei einer Vorbelastung bestimmter Siedlungen durch Windenergieanlagen den Winkel von 2x120 Grad im Betrachtungsraum, in dem eine Windenergienutzung grundsätzlich in Betracht kommt, weiter zu verkleinern. Ein Grund hierfür ist, dass ältere Windkraftanlagen, die vor 2008 in Betrieb genommen worden sind, in die Planung nach neuen Maßstäben nicht miteinbezogen werden. Diese Sonderregelung im Sinne der Einzelentscheidungen begründete das Handeln in diesem Fall (vgl. MINISTERIUM FÜR ENERGIE – INFRASTRUKTUR UND LANDESENTWICKLUNG MECKLENBURG-VORPOMMERN 2013:18f).

4.2 Fallbeispiel Biomasse

Für unterschiedliche Anlagen erneuerbarer Energien existieren auch unterschiedliche Potenziale. Das folgende Fallbeispiel aus der Stadt Anklam soll zum einen eine mögliche Technologische Entwicklung aufzeigen und eine Option gegen die Flächenverdrängung von Anbaugütern durch Mais für die Biogasproduktion darlegen.

Die Energiegewinnung mittels Biomasse hat neben der Windenergie seit langem ein ungünstiges Image unter den erneuerbaren Energien. Betreiber von Biogasanlagen sehen sich Gegenbewegungen ausgesetzt seitens Bürgerinitiativen, Heimatpflegevereinen und Naturschutzverbänden. Mögliche Gründe dafür sind, dass zwischen den einzelnen Biomassenutzungspfaden unzureichend differenziert wird und für naturräumliche Dimensionen des Biogaspfades eine Forschungslücke besteht. Der Ursprung des Ganzen ist im Jahre 2004 zu finden. Mit der damaligen Einführung des Bonus für nachwachsende Rohstoffe, die den Energieträger Silomais als wichtigstes Substrat bei der Versorgung von Biogasanlagen etablierte, gingen aus ökologischer Sicht bedenkliche Veränderungen in der Kulturlandschaft wie beispielsweise der Verlust an Biodiversität einher. Der Anbau von Silomais hat sich in Deutschland seit 2004 von 1.248.000 ha auf 1.647.000 ha, folglich um 32 % erhöht. Das Deutsche Maiskomitee führt diesen Anstieg auf den Substratbedarf von Biogasanlagen zurück.

Aufgrund der zunehmenden Vermaisung, darunter ist die Verdrängung von Pflanzen durch Mais zu verstehen, der Kulturlandschaft soll daher die Anbaufläche begrenzt werden. Die Umsetzung dieser Forderung würde jedoch die Wirtschaftlichkeit vieler Biogasanlagen in Frage stellen, denn der hohe Biomasseertrag und der daraus resultierende hohe Gasertrag pro Hektar qualifizieren den Silomais nach wie vor zum wichtigsten Substrat. Davon abgesehen ist er für die in der Biogasanlage eingesetzten Bakterien leicht verdaulich. Dies garantiert eine hohe Gasausbeute und Prozessstabilität.

Vergleicht man diese Energieausbeute jedoch mit jener von Windkraft und Photovoltaik, so offenbaren sich die Nachteile des Energiepflanzenbaus. Für die Produktion von 1 GW h Endenergie benötigt man bei Biogasanlagen 102 ha, bei Windkraftanlagen 5,7 ha und bei Photovoltaik- Anlagen nur 4,4 ha. Forschung und Entwicklung stehen in der Verantwortung, neue, ertragreiche Energiepflanzen zu etablieren und ökologisch unbedenkliche Energiefruchtfolgen auch aus ökonomischer Sicht möglich zu machen. Im Mittelpunkt des Interesses stehen dabei massenwüchsige Pflanzen. Für einen Ausgleich widerstrebender Nutzungsinteressen bedarf es einer adäquaten Steuerung der Raumnutzung. Es besteht die Auffassung, dass mit dem Regionalplan bereits ein ausreichendes Instrument zur Verfügung steht (vgl. BOSCH et al. 2010: 115f.).

So wurde im Jahr 2010 im Rahmen der Forschungsplanung Bewertung der Zuckerrübe als Rohstoff für die Biogasproduktion konzipiert. Die Zielstellungen waren unter anderen die Bewertung der ökonomischen und verfahrensspezifischen Vor- und Nachteile und die Abschätzung der wirtschaftlichen Potenziale von Zuckerrüben für die energetische Nutzung in Mecklenburg-Vorpommern. Die Untersuchungen im Rahmen dieses Forschungsthemas haben gezeigt, dass Zuckerrüben einen wichtigen Beitrag in der Biogasproduktion leisten können. Mit Zuckerrüben lässt sich je Hektar mehr Methan erzeugen als mit jeder anderen Feldfrucht. Die Hauptprobleme für den Einsatz sind die Sicherung der ganzjährigen Versorgung durch optimale Lagerung und die Entsteinung. Abhilfe schafft dabei die Verwendung von Silierung. Die Silierung ist ein Konservierungsverfahren in der Landwirtschaft, mit dem Ziel das Ausgangsmaterial möglichst effizient mit Hilfe von Mikroorgansimen in einen Zustand zu versetzen, dass eine längere Lagerung ermöglicht und dabei seine wertbestimmenden Inhaltsstoffe konserviert sind. Im Rahmen der Forschung zeigt sich auch, dass die Mischsilierung mit Mais nur ein bedingt geeignetes Verfahren ist, da sich der Erntezeitraum nach dem Mais richtet. Insgesamt ist diese Technologie die kapitalintensivste und kommt aus wirtschaftlichen Gründen nur für mittlere und große Anlagen in Frage. Es ist daher von entscheidender Bedeutung, dass einerseits alle Glieder der Prozesskette optimal aufeinander abgestimmt werden und andererseits in den kommenden Jahren konsequent technische Entwicklungen und Innovationen zur weiteren Kostensenkung je Rohstoffeinheit genutzt werden.

Dies eröffnet zusätzliche Möglichkeiten für regionale Wertschöpfungsketten, welche die zusammenhängenden Unternehmensaktivitäten des betrieblichen Gütererstellungsprozesses darstellen und könnte Anbauregionen einen regionalen Rübenanbau gewährleisten. Die Untersuchungen haben eindeutig ergeben, dass die der Mais seine Bedeutung für die Versorgung von Biogasanlagen auf absehbare Zeit behalten wird. In Zukunft werden aber viele Biogasanlagenbetreiber Mais und Zuckerrüben einsetzen. Zuckerrüben verdrängen in erster Linie teure Futtergetreidekomponenten aus der Ration, weniger den effizienten Silomais. Zuckerrüben als Substrat für die Biogaserzeugung verbessern die Gasproduktion, die Rührbarkeit, erhöhen die Gasausbeute und die Gesamteffizienz und werden besonders bei steigendem Agrarpreisniveau für Biogasanlagenbetreiber an Bedeutung gewinnen (vgl. LANDESFORSCHUNGSANSTALT FÜR LANDWIRTSCHAFT UND FISCHEREI MECKLENBURG-VORPOMMERN 2012: 4f.). Insgesamt lässt sich daraus ableiten, dass es für die zukünftige Wirtschaftlichkeit von Unternehmen mit Beteiligung in der Produktion von Biogas essentiell ist auf alternative Anbaugüter zurückzugreifen. Gerade im norddeutschen Raum, welches ein beliebtes und lohnenswertes Gebiet zum Anbau von Zuckerrüben ist, kann es zu einer Verbesserung der Akzeptanz durch die Bevölkerung kommen, wenn auf hiesige altbekannte Anbaugüter zurückgegriffen wird.

SCHLUSS

Durch die Auswirkungen der Energiewende und den damit verbundenen Wechsel von fossilen zu erneuerbaren Energieträger kam es zu einen Umschwung in der Energiebranche. Die Folgen von diesem Umschwung wirkten und wirken sich dabei prägend auf den ländlichen Raum aus. Es wurde deutlich, dass eine Vielzahl von Potenzialen durch die Energiewirtschaft existiert. Dabei ist es unabdingbar zu erwähnen, dass sich die daran angelehnten Herausforderungen als Fundament für die Potenziale verstehen und deren Bewältigung maßgeblich die Erfüllung beeinflusst. In diesem Zusammenhang muss fortreichend in komplexen Strukturen gedacht werden, da man einzelne Herausforderungen nicht stereotypisch zuordnen kann. Es ist daher von einem verflechteten Gebilde aller Herausforderungen, mit Einbezug der Potenziale auszugehen, welches nur dann produktiv und zukunftsweisend gelöst werden kann, wenn alle verfügbaren Instanzen miteinander kooperieren und Ihre Interessen sinnvoll miteinander abwägen. Die genannten Fallbeispiele zeigen dabei auf, dass der Weg dorthin nicht selten von Entwicklungen und Durchführungen unüblicher Herangehensweisen bestimmt wird und es stets einer genauen Abwägung bedarf, die nicht immer die Bedürfnisse und Vorstellungen aller Instanzen decken. Daraus können sich unterschiedliche Möglichkeiten zur Entfaltung diverser Potenziale ableiten lassen, die im Sinne des ländlichen Raumes in guten Fällen von einer Verbesserung der Standortfunktion, der Erholungsfunktion und Wirtschaftlichkeit durch Energieautarkie zeugen. Anderseits kann auch das Image einer Region durch Betitelung einer „Erneuerbare-Energie-Region“ positiv beeinflusst werden. Zusätzlich sind horrende Einnahmen aus der Verpachtung von Flächen zu erwarten. Der ländliche Raum profitiert von einer Neubelebung in Bezug auf die Bewohner- und Ortsdichte, sowie der Aufrechterhaltung der Lebensqualität und einer gesteigerten Wirtschaftlichkeit. Auch ist der mögliche Fortschritt im Ausbau der Infrastruktur sowie vom Breitband zu erwähnen. Für das Beschäftigungsverhältnis besteht die Tendenz zur einer gesunden Entwicklung, da zum einen sich Umschulungen für branchenähnliche Arbeitnehmer anbieten, direkte Ausbildung von Schulabgängern möglich werden und Arbeitslose in den Wertschöpfungskreislauf integriert werden können. Zusätzlich ist zu erwähnen, dass eine Annäherung an die urbanen Räume stattfindet und eine Verselbstständigung des ländlichen Raumes miteinhergeht. Abschließend bleibt mitzuteilen, dass es sich um eine große Bandbreite an Potenzialen handelt und diese Arbeit aufgrund der Fülle sich nicht mit allen auseinander setzen konnte, aber dennoch die Relevantesten aus verschiedenen Blickwinkeln betrachten konnte.

LITERATURVERZEICHNIS

BARDT, Hubertus (2016): „Energiewende und offene Märkte“. In: *Energie- und Klimapolitik. Die Rolle der Kohle und der Energiemärkte* 103, S. 7-12.

BUNDESINSTITUT FÜR BAU-, STADT- UND RAUMFORSCHUNG (Hrsg.) (2010): *„Genügend Raum für den Ausbau erneuerbarer Energien?“*. Bonn.

BOSCH, Stephan; Peyke, Gerd (2011): „Gegenwind für die Erneuerbaren. Räumliche Neuorientierung der Wind-, Solar- und Bioenergie vor dem Hintergrund einer verringerten Akzeptanz sowie zunehmender Flächennutzungskonflikte im ländlichen Raum“ In: *Raumforschung Raumordnung* 69, S. 105-118.

BOSCH, Stephan; RATHMANN, Joachim; SIMETSREITER, Florian (2016): „Raumverträglicher Ausbau von erneuerbaren Energien. Ein alternativer Standortplanungsansatz für eine nachhaltige Energiewende“. *Geographica Helvetica* 71, S. 29-45.

BRÜHNE, Thomas (2015): „Die Rückkehr zur Fläche. Postmoderne Energielandschaften als Zeichen sozialer Aushandlungsprozesse im Raum“. In: Lempp, Jakop; van der Beek, Gregor; Korn, Thorsten (Hrsg.): *Aktuelle Herausforderungen in der Wirtschaftsförderung. Konzepte für eine positive regionale Entwicklung*. Wiesbaden, S. 111-118.

DALLMANN, Bernd; RICHTER, Michael (2012): *Handbuch der Wirtschaftsförderung*. Freiburg

FRAMEWORK CONVENTION ON CLIMATE CHANGE (Hrsg.) (2015): *„Adoption of the Paris Agreement“*. Paris.

FRATZSCHER, Wolfgang (2007): *„Zur Energiewirtschaft des ländlichen Raumes“*. o.O.

GALINSKI, Gunther (2003): *Zur Geschichte der Rohstoffgewinnung im Raum Ottendorf-Okrilla*. Freiberg.

GAWEL, Erik; KORTE, Klaas; SINGER, Johann (2015): „Flächennutzung und erneuerbare Energien zwischen Wirtschaftsförderung, Nachhaltigkeit und effizienter Raumallokation“. In: Lempp, Jakop; van der Beek, Gregor; Korn, Thorsten (Hrsg.): *Aktuelle Herausforderungen in der Wirtschaftsförderung. Konzepte für eine positive regionale Entwicklung*. Wiesbaden, S. 119-125.

HENKEL, Gerhard (2004): *„Der ländliche Raum. Gegenwart und Wandlungsprozesse seit dem 19. Jahrhundert in Deutschland“*. Berlin u.a.

KUBIS, Alexander; MÜLLER, Anne (2014): *Belastungen am Arbeitsplatz. Welche Arbeitsbedingungen gehen mit Problemen bei der Stellenbesetzung einher?* (= Institut für Arbeitsmarkt und Berufsforschung-Kurbericht 10.2014). Nürnberg.

LANDESFORSCHUNGSANSTALT FÜR LANDWIRTSCHAFT UND FISCHEREI MECKLENBURG-VORPOMMERN (2012): *Bewertung der Zuckerrübe als Rohstoff für die Biogasproduktion.* Gülzow

LEMPP, Jakop; KORN, Thorsten (2015): „Aktuelle Herausforderungen in der Wirtschaftsförderung – Ergebnisse einer Befragung der Wirtschaftsförderer in Deutschland". In: Lempp, Jakop; van der Beek, Gregor; Korn, Thorsten (Hrsg.): *Aktuelle Herausforderungen in der Wirtschaftsförderung. Konzepte für eine positive regionale Entwicklung.* Wiesbaden, S. 9-20.

MINISTERIUM FÜR ENERGIE –INFRASTRUKTUR UND LANDESENTWICKLUNG MECKLENBURG-VORPOMMERN (2013): *Gutachten zur Umfassung von Ortschaften durch Windenergieanlagen. Endbericht.* Stralsund

PROGNOS AG (Hrsg.) (02/2015): *„Kurzfassung des Schlussberichts Wertschöpfungs- und Beschäftigungseffekte der Energiewirtschaft".* München u.a.

PROGNOS AG (Hrsg.) (03/2015): *„Schlussbericht Wertschöpfungs- und Beschäftigungseffekte der Energiewirtschaft".* München u.a.

RANDALLS, Samuel (2010): „History of the 2° Climate Target". In *Wiley Interdisciplinary Reviews* 1 (4), S. 598-605.

RANGER, Nicola; GOHAR, Laila; LOWE, Jason; BOWEN, Alex; WARD, Robert; WARD, Bob (2012): „Is it possible to limit global warming to no more than 1.5°C?". A letter. In: *Climatic Change* 111 (3-4), S. 973-981.

REICHERT-SCHICK, Anja (2015): „Infrastruktur im ländlichen Raum". In: Lempp, Jakop; van der Beek, Gregor; Korn, Thorsten (Hrsg.): *Aktuelle Herausforderungen in der Wirtschaftsförderung. Konzepte für eine positive regionale Entwicklung.* Wiesbaden, S. 76-84.

ROSSMANN, Reinhard (Hrsg.) (2005): *Energiewirtschaft.* URL: http://www.mein-wirtschaftslexikon.de/e/energiewirtschaft.php (Abrufdatum: 03.03.2017).

WEBER, Florian; ROßMAIER, Albert; JENAL, Corinna; KÜHNE, Olaf (2016): *„Landschaftsästhetik und Landschaftswandel. Landschaftswandel als Konflikt".* Tübingen

WINKEL, Rainer (2008): „Öffentliche Infrastrukturversorgung im Planungsparadigmenwandel". In: *Informationen zur Raumentwicklung* 1(2), S. 41-47.